Imprint:

Copyright © 2018 GRIN Verlag
Print and binding: Books on Demand GmbH, Norderstedt Germany
ISBN: 9783668628243

This book at GRIN:

https://www.grin.com/document/388547

José M.

La geometría de los ángulos de la dirección automotriz

GRIN Verlag

Título: La geometría de los
ángulos de la dirección
automotriz.

Title: The geometry of the
angles of the
automotive steering

Nota del autor: La Imagen que acompaña al título de este ensayo académico dispone de licencia Creative Commons 0 (CC0) y ha sido obtenida en http://Pixabay.com. Los dibujos técnicos que se muestran en esta investigación fueron elaborados, trazados y digitalizados por el propio autor del presente ensayo académico, tales dibujos técnicos se encuentran en formato JPG. Las referencias bibliográficas presentes en este ensayo académico se encuentran acotadas según Normas Vancouver.

Note of the author: The Image that accompanies the title of this academic essay has a Creative Commons license 0 (CC0) and has been obtained at http://Pixabay.com. The technical drawings shown in this research were elaborated, traced and digitized by the author of this academic essay, such technical drawings are in JPG format. The bibliographical references presented in this academic essay are offered according to the Vancouver Norms.

RESUMEN:

La geometría de los ángulos de la dirección automotriz constituye el elemento más importante para la correcta conducción de los vehículos, esta, es el conjunto de parámetros, cotas y ángulos que determinan la posición de los componentes del sistema de dirección de ambos ejes del vehículo con respecto al pavimento y a la carrocería. La dirección ha de asegurar el movimiento del automóvil en un sentido prefijado en cualesquiera condiciones de carretera, a diferentes velocidades de la marcha, el conductor no debe realizar grandes esfuerzos tanto para el mando durante el movimiento rectilíneo, como en el transcurso de las maniobras. Desde el surgimiento del automóvil se ha tratado de realizar de manera estable, segura y cómoda el movimiento de los autos. La utilidad y correcto reglaje de estos ángulos alarga la vida útil de los neumáticos, mantiene un óptimo consumo de combustible, facilita la conducción y estabilidad en la carretera. En este ensayo académico explicaremos en qué consisten y la clasificación de los ángulos, que mantienen de manera correcta la circulación de los autos en las carreteras y calles, los más habituales se han identificado de la siguiente manera, Caída que en la bibliografía de origen no hispano pueden encontrarse como Camber, que al Avance se le llama Caster, a la Salida kin-pin inclinación, la Convergencia Toe-in y la Divergencia Toe-out.

Palabras claves: geometría, ángulos, dirección automotriz, conducción de vehículos, neumáticos

ABSTRACT:

The geometry of the angles of the automotive steering is the most important element for the correct driving of vehicles; this is the set of parameters, dimensions and angles that determine the position of the components of the steering system of both axles of the vehicle with regarding the pavement and the chassis. The steering must ensure the movement of the car in a predetermined direction in any road conditions, at different speeds of the march, the driver must not make great efforts both for the control during the rectilinear movement, and during the course of the maneuvers. Since the appearance of the automobile, it has been tried to carry out the movement of cars in a stable, safe and comfortable way. The usefulness and correct adjustment of these angles extends the useful life of the tires, maintains optimum fuel consumption, facilitates driving and stability on the road. In this academic essay we will explain what they are and the classification of angles, which correctly maintain the circulation of cars on roads and streets, the most common have been identified as follows, "Caida" in the non-Hispanic origin literature can be found as Camber, besides "Avance" is called Caster, "Salida" is called kin-pin inclination, In Spanish "Convergencia" is called Toe-in and "Divergencia" is called Toe-out.

Keywords: geometry, angles, automotive steering, vehicle driving, tires

Indice General. (General Index)

INTRODUCCION:

Los sistemas de dirección automotriz convierten la rotación del volante en un movimiento giratorio de las ruedas, de tal manera que la llanta da un gran giro para mover las ruedas por un tramo corto [1].

El sistema permite que el conductor utilice sólo fuerza liviana para conducir un auto pesado. El esfuerzo de dirección pasa a las ruedas a través de un sistema de articulaciones pivotantes. Estas están diseñadas para permitir que las ruedas se muevan hacia arriba y abajo con la suspensión sin cambiar el ángulo de dirección. [1]

La correcta construcción y aplicación de estos mecanismos están basados en conceptos como geometría y ángulo que explicamos más adelante, cuya finalidad consiste en orientar las ruedas delanteras (o directrices) para que el conductor, sin esfuerzo, pueda guiar el vehículo. [2]

La geometría es una parte de la matemática que se encarga de estudiar las propiedades y las medidas de una figura en un plano o en un espacio. Para representar distintos aspectos de la realidad, la geometría apela a los denominados sistemas formales o axiomáticos (compuestos por símbolos que se unen respetando reglas y que forman cadenas, las cuales también pueden vincularse entre sí) y a nociones como rectas, curvas y puntos, entre otras. [2]

La noción de ángulo, que procede del vocablo latino angŭlus, hace referencia a una figura de la geometría que se forma a partir de dos rectas que se cortan entre sí en una misma superficie. También puede decirse que un ángulo está formado por dos semirrectas que comparten un mismo vértice. Los ángulos pueden medirse en diferentes unidades: el grado sexagesimal y el radián son las medidas más frecuentes. De acuerdo a esta medición, los ángulos se clasifican de distintas maneras. La unidad que primero se enseña en la escuela es el grado sexagesimal, ya que resulta más fácil de comprender: con ayuda de un instrumento de medición, como ser el transportador, debemos determinar la apertura del ángulo y asignarle el valor correspondiente, de manera similar a lo que hacemos al medir la extensión de un objeto en centímetros. Sin embargo, el radián es mucho más útil y se usa de forma predominante en el ambiente científico. [3]

Para llevar a cabo la medición de un ángulo en radianes debemos continuar su arco hasta completar un círculo imaginario, en cuyo centro se ubica el vértice del primero; en otras palabras, podemos pensar en un pastel al que le falta una porción, siendo ésta el ángulo a medir. [3]

El sistema de dirección del vehículo esta en el grupo de elementos de seguridad del automóvil por la importancia de su labor, por lo que los ángulos de la dirección tienen una gran relevancia, y cumplir los siguientes requisitos de seguridad que dependerá tanto de la calidad de los materiales, como de la fiabilidad del mecanismo y el buen uso que hagamos del mismo, así como la suavidad en la conducción, ya que un sistema de dirección muy duro resulta incómodo y fatigoso de manipular. Para evitarlo debe estar bien engrasado y montado con precisión. [4]

Debe una gran precisión ya que un mal funcionamiento entre los distintos órganos de dirección, un desgaste o inflado desigual en los neumáticos y un eje o chasis deformados, podemos perder la trayectoria. Lo ideal es evitar el exceso de dureza, pero sin caer en demasiada suavidad que nos impida sentir la dirección y la irreversibilidad que es cuando el timón o volante, transmiten al sistema un giro, las oscilaciones propias de las incidencias o irregularidades del terreno no deben transmitirse de vuelta al volante, para que no incidan en un cambio de trayectoria. [4]

Así pues, salvo deformación aparente por largo uso, carga excesiva o golpe, las cotas que deben comprobarse son: avance, caída, y convergencia, y precisamente por este orden, pues cada una influye en las siguientes. Si se tiene cuidado de no dar golpes de refilón a las ruedas contra los bordillos, piedra grandes, etc., no es fácil que se desregle la dirección por torceduras del eje o doblado de las bielas y palancas de la dirección, y, por tanto, el ajuste se limitará casi siempre a la convergencia, la más sencilla de medir y corregir. La convergencia al ser una cota resultante directa de las otras tres cotas (salida, caída y avance), cualquier variación en cualquiera de ellas produce una desviación en la convergencia. Siendo esta cota la única fácil de corrección en el vehículo, para pequeñas desviaciones en la cotas de salida, caída y avance, en muchos talleres ante la dificultad de corrección en ellas se actúa corrigiendo la convergencia para compensar el efecto conjugado del conjunto. [5]

Los síntomas que denuncian alteración de las cotas y que aconsejan revisión especial son los siguientes:

Desgaste de las cubiertas más acentuado en una mitad de la banda de rodadura que en la otra: la causa será un ángulo de caída excesivo si el desgaste es hacia afuera del vehículo; si por el lado de dentro, caída insuficiente. Una deformación con desgaste en borde afilado, si éste queda hacia dentro del vehículo denota exceso de convergencia; si por fuera, falta. [5

En general, cualquier anomalía en el desgaste de las cubiertas aconseja revisar inmediatamente la alineación de las ruedas. [5]

Consideramos muy importante el conocimiento de la geometría de los ángulos de la dirección automotriz, ya que podemos estar preparados para cualquiera de las dificultades que se nos puedan presentar, prevenirlas, y evitarnos contratiempos en la conducción de los automóviles y gastos innecesarios en piezas y neumáticos.

DESARROLLO:

El sistema de dirección es un conjunto de mecanismos cuya finalidad consiste en orientar las ruedas delanteras (o directrices) para que el conductor, sin esfuerzo, pueda guiar el vehículo. [4]

Principalmente, el sistema de dirección está compuesto por una serie de elementos que funcionan del siguiente modo: el conductor controla la trayectoria del automóvil por medio del volante, lo que accionará la barra de dirección, que es la encargada de unirlo a la caja de dirección. [4]

Debe su nombre a cuando consistía en una sola pieza rígida (una barra) pero para ser precisos hoy en día se trata de varias piezas de menor tamaño que pueden doblarse en caso de accidente. Una vez la caja de dirección recibe el movimiento, por medio de los engranajes lo transmite a las ruedas. [4]

Cotas de reglaje de la dirección.

Para que el funcionamiento de la dirección resulte adecuado, es preciso que los elementos que lo forman cumplan unas determinadas condiciones, llamadas cotas de dirección o geometría de dirección, mediante las cuales, se logra que las ruedas obedezcan fácilmente al volante de la dirección y no se altere su orientación por las irregularidades del terreno o al efectuar una frenada, resultando así la dirección segura y de suave manejo. También debe retornar a la línea recta y mantenerse en ella al soltar el volante después de realizar una curva. [5]

Las cotas que determinan la geometría del sistema de dirección son [5]:

- ➢ Ángulo de salida
- ➢ Ángulo de caída
- ➢ Ángulo de avance
- ➢ Cotas conjugadas

➢ Convergencia de las ruedas

A través de la huella de los neumáticos apoyados en sus llantas, el automóvil aporta sus cualidades de seguridad activa o primaria. Para que el conductor disponga del control del automóvil ha de contar este con capacidad direccional, seguir la trayectoria indicada por el volante con fidelidad y estabilidad. [6]

Para obtener los mejores resultados de la calidad del contacto de los neumáticos con el suelo se diseña una geometría compleja, que además ha de ser dinámica al trabajar la suspensión y dirección moviéndose sus componentes. Consiste esta geometría en acoplar los diferentes componentes de la suspensión y dirección conformando ángulos que colaboran en la capacidad direccional y el retorno de la dirección al punto central, entre otros detalles. [6]

Los efectos direccionales inducidos por la geometría en las ruedas implican ciertas tendencias que llegan a alterar su paralelismo circulando, que se ha de compensar para que en marcha vayan paralelas. En este ensayo se va a presentar el conjunto de la geometría de suspensión y dirección de las ruedas delanteras, tres son los ángulos que se van a explicar con otro dato relacionado con el centro de la huella del neumático, en este caso es una distancia. Las ruedas traseras también tienen su geometría, más simple, aunque en los sistemas multibrazo el diseño dinámico es bastante elaborado. [6]

La suspensión, la dirección y los diferentes ángulos, son los componentes básicos de la geometría de un vehículo. Para conseguir una dirección óptima, el tren delantero debe cumplir una serie de medidas angulares que se denominan cotas de dirección y la relación existentes entre las mismas geometrías de dirección. La característica constructiva de los órganos que comandan la dirección debe responder a la necesidad de eliminar el frotamiento de las ruedas sobre el piso, que se produce cuando la trayectoria seguida por ellas no coincide con la impuesta por el sistema de dirección. Para que se verifique esta condición fundamental es necesario que las cuatro ruedas del vehículo se orienten en curva de manera que describan circunferencias de radios con el mismo centro instantáneo de rotación.

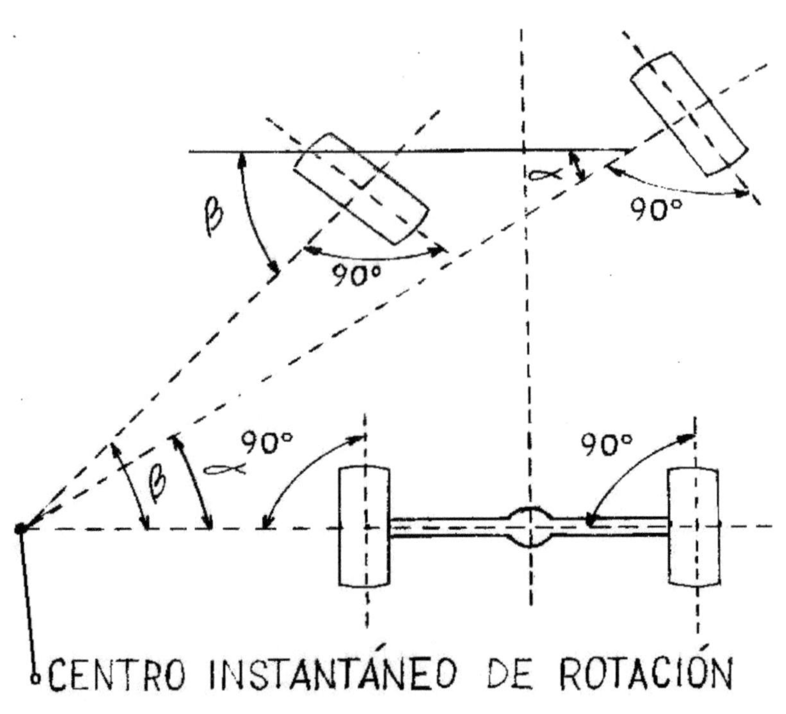

β
90°
α
90°
β
α
90°
90°
90°
CENTRO INSTANTÁNEO DE ROTACIÓN

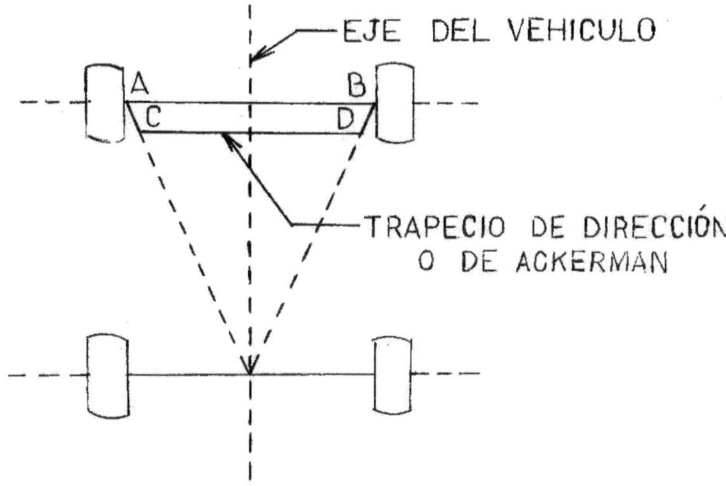

La geometría de giro se consigue dando a los brazos de acoplamiento una inclinación determinada. Esta disposición genera un trapecio articulado llamado trapecio de dirección o de Ackerman, el cual está formado por el propio eje delantero (AB), dos brazos de acoplamiento (AC y BD), y la barra de acoplamiento (CD). Cuando el vehículo circula en línea recta, la prolongación de los ejes de los brazos de mando debe coincidir aproximadamente con el centro del eje trasero. Cuando el vehículo está en curva la deformación del trapecio de Ackerman permite que los ejes de giro de las ruedas delanteras se corten en el centro instantáneo de rotación. Este centro de giro tiene que estar ubicado en la prolongación del eje trasero (vehículos con eje trasero no direccional). [7]

La denominación de "geometría de trenes" se refiere a la situación geométrica que toman los componentes de los trenes para situar las ruedas sobre el suelo de la manera más conveniente para lograr un rodamiento estable del vehículo. [7]

La geometría de los trenes de rodaje comprende varios ángulos y parámetros, llamados cotas de la dirección: [7]

Ángulo de caída

El ángulo de caída es el ángulo comprendido entre el eje de simetría de la rueda y la vertical que pasa por el centro de contacto de la rueda con el suelo. También es llamado inclinación de rueda o Camber. Es un ángulo muy pequeño que está comprendido entre 0° y 2°. [7]

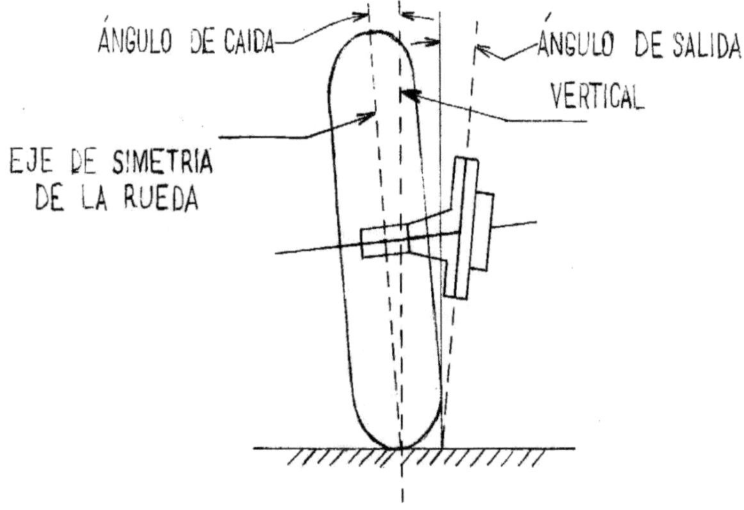

Desplaza el peso del vehículo sobre el eje, que está apoyado la parte inferior de la mangueta, disminuyendo así el empuje lateral de los cojinetes sobre los que se apoya la rueda (distancia B). Evita el desgaste de neumáticos y rodamientos. Reduce el esfuerzo de giro del volante de dirección. [7]

Al estar el ángulo de caída en mal estado, provoca un desigual desgaste en la cubierta de rodadura y un incorrecto comportamiento del automóvil, al revisar con la mano por la cubierta de rodadura, ésta se presenta lisa y sin rebabas, apreciándose un desgaste creciente de un borde a otro, cuando el ángulo de caída es negativo, el desgaste mayor se presenta en el borde interior de las cubiertas y cuando la caída es positiva el mayor desgaste está en el borde exterior de las cubiertas.

Ángulo de salida del pivote

El ángulo de salida es aquel que está comprendido entre el pivote y la perpendicular al suelo (mirando el coche de frente). ¿QUE ES EL PIVOTE? Es el eje sobre el cual gira la rueda para orientarse. Si el pivote A sobre el que gira la rueda para orientarse, resultase perpendicular al suelo (ángulo 0°), sería preciso un esfuerzo capaz de vencer el esfuerzo resistente R x C. Cuanto más corto sea la separación C, menor será el esfuerzo necesario para vencer este par resistente. Para anular el brazo resistente, bastará con que la prolongación del pivote, pase por la superficie de contacto del neumático sobre el suelo. Para ello, es necesario, darle al pivote la inclinación adecuada para que forme un cierto ángulo con la prolongación del eje vertical, lo que constituye una de las cotas de la dirección, denominada Salida del pivote o King Pin. [7]

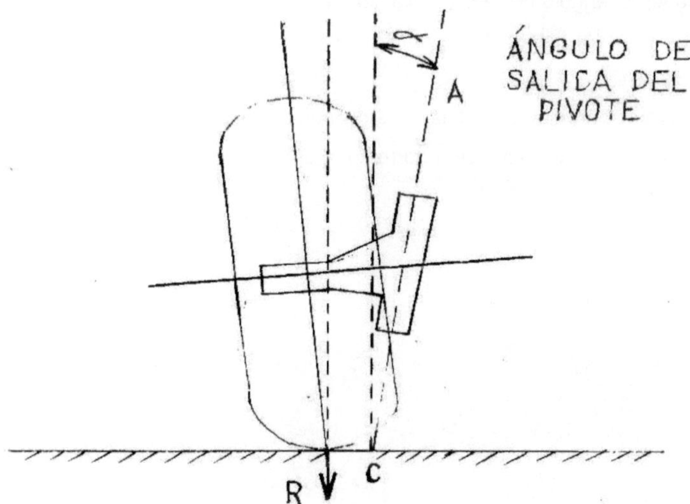

El pivote es el encargado de reducir el esfuerzo para realizar la orientación de las ruedas, de disminuir el ángulo de caída para mejorar el desgaste del neumático, y así favorecer la reversibilidad de la dirección después de un viraje y el auto centrado de la dirección. [7]

Cuando existe una variación en el ángulo de salida, generalmente ocasiona un ángulo de caída defectuoso, esto puede ocurrir al existir modificaciones o cambios en la estructura del vehículo. [7]

En el vehículo puede provocar dureza en la dirección y la reversibilidad excesiva.

Ángulo incluido

El ángulo incluido está formado por la suma de los ángulos de Caída y Salida.

Es decir, la distancia B comprendida entre el punto de corte con el suelo del eje de rueda y el eje del pivote. Esta distancia se conoce como radio de rodadura o radio de pivota miento y su objetivo es determinar cuál es la pieza defectuosa, si los ángulos de caída o salida no corresponden a los valores dados por el constructor. [7]

Podemos determinar que:

1. Cuando el ángulo de caída y el incluido están fuera de tolerancias pero el de salida es correcto. Mangueta Falseada Horizontalmente. (Doblada, rodamiento).

2. Cuando el ángulo de salida y caída están fuera de cotas, pero el ángulo incluido es correcto. Mangueta correcta, eje vencido verticalmente (Silentblock inferior, trapecio doblado) [7]

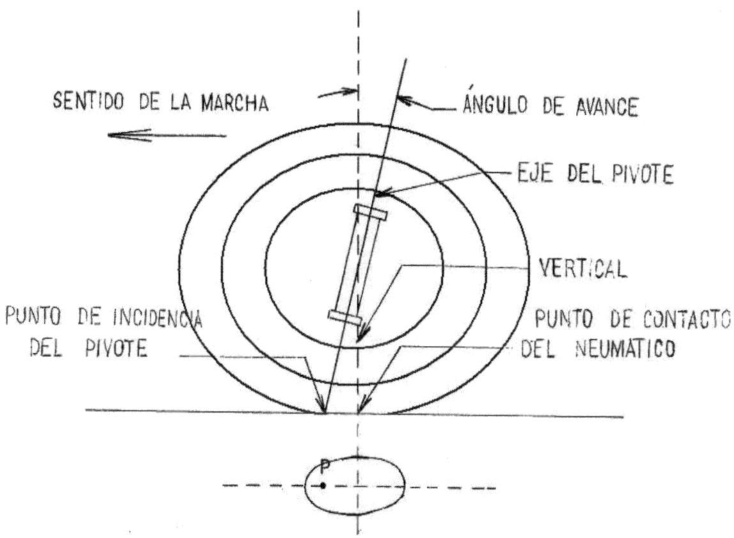

Es el ángulo formado por la prolongación del eje pivote con la vertical que pasa por el centro de la rueda (visto el vehículo de lado) y en sentido de marcha de la misma. Este ángulo está comprendido entre 5º y 10º en vehículos con propulsión trasera, y en vehículos de tracción delantera entre 0º y 3º. Este cumple la función de mantener la dirección estable y precisa, con un efecto direccional o auto centrado del vehículo, favorecer la reversibilidad para que las ruedas vuelvan a la línea recta después de tomar una curva y evitar las vibraciones en las ruedas y la consiguiente repercusión en la dirección. [7]

Una modificación del valor del ángulo de avance, se traduce automáticamente en un des reglaje del calado de la cremallera, sobre la cubierta no ocurre desgaste característico, y sobre el vehículo puede colocar la dirección dura e inestabilidad en los virajes, ocurre tiraje hacía el lado del ángulo más débil. [7]

Cotas conjugadas

Es el conjunto formado por los ángulos de Salida y Caída junto con el de Avance. Determinan el punto de incidencia del pivote con respecto a la superficie de contacto del neumático con el suelo. [7]

α   Salida

β   Caída

γ   Avance

R   resistencia de rodadura

F   fuerza motriz

A-B Líneas de convergencia

Las fuerzas de aceleración y frenado se transmitirán al suelo a través del punto del neumático con el mismo, que corresponde con el centro de la huella.
Radio de rodadura Positivo.

Dado que la proyección del eje de giro queda hacia el interior del neumático, al acelerar, la rueda tendera a cerrarse (convergente), mientras que al frenar, tendera a abrirse (divergente).

Radio de rodadura Negativo.

Debido a que la proyección del eje de pivote se encuentra en el exterior del neumático, al acelerar tendera a abrirse (divergente), mientras que al frenar tendera a cerrase (convergente). [7]

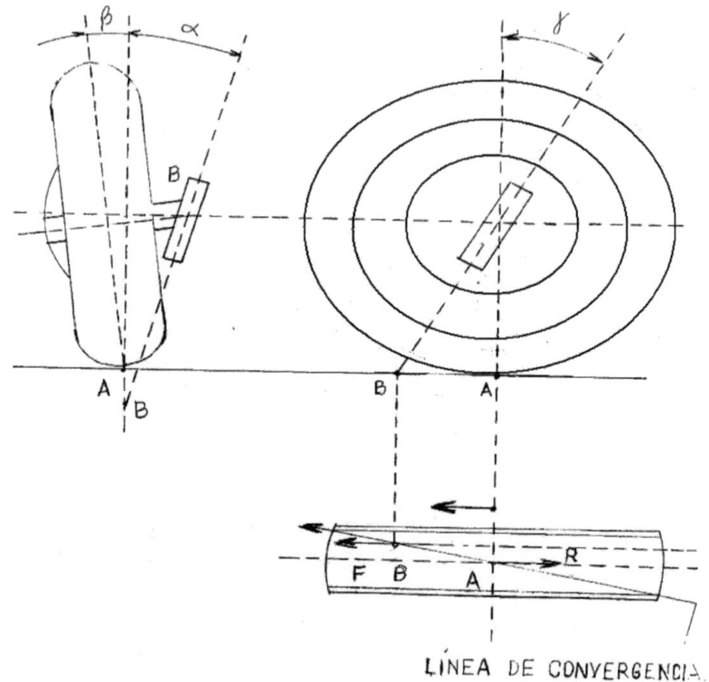

Convergencia

La convergencia es la diferencia entre las distancias medidas obtenidas entre la parte delantera y trasera de las ruedas. Se puede expresar de tres formas: grados sexagesimales grados centesimales o en milímetros y suele estar comprendida entre 0 y 5 mm o 0' y 15'. El ángulo de convergencia es la desviación angular respecto a la dirección de marcha.

Sobre la cubierta la convergencia trae como consecuencia un desgaste anormal rápido del neumático. Pasando la mano transversalmente sobre el centro de la banda de rodadura del neumático, esta presenta unas rebabas fácilmente apreciables. [7]

En los vehículos que tienen tracción trasera se da convergencia en las ruedas directrices, vistas desde arriba, la convergencia compensa la tendencia de las ruedas a abrirse durante la marcha y contrarresta el esfuerzo que sufren los pivotes, se ajusta por los extremos roscados de la barra de acoplamiento. En los que tienen tracción delantera la convergencia suele ser negativa (divergencia), o sea, que las ruedas se abren hacia delante. [7]

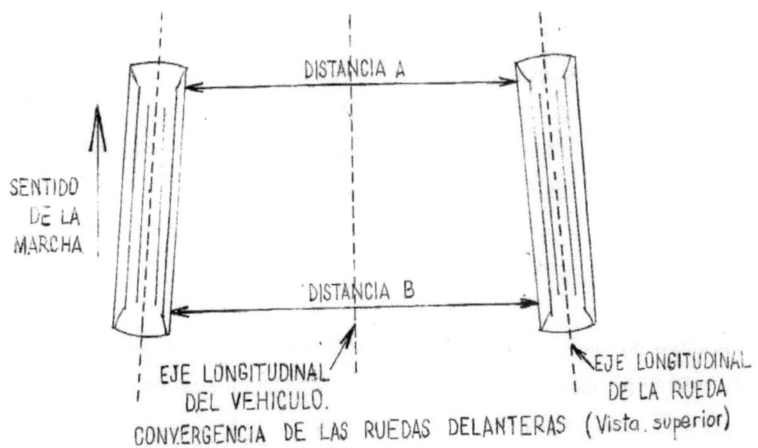

Retraso de rueda (Set Back).

Es el adelanto o retraso de una rueda respecto a la otra del mismo eje.

Se controla midiendo el ángulo que forma la perpendicular al eje que une las ruedas con el eje longitudinal del vehículo. El retraso excesivo de la rueda (retranqueo) es un efecto ocasionado por una deformación de la carrocería o de los elementos de la suspensión. En el caso de un vehículo con un retraso de rueda que exceda de los límites marcados, la solución de acortar una barra de acoplamiento y alargar la otra para poder mantener el volante y la dirección en el punto medio de su recorrido no sería válida, porque afectaría a la geometría de giro de la dirección y el coche no se comportaría bien en curvas. [7]

Ángulo de empuje.

Es el ángulo que forma la perpendicular al eje trasero (eje de fuerza direccional o de empuje) con el eje longitudinal o eje geométrico del vehículo. [7]

El eje de empuje deberá coincidir con el eje longitudinal del vehículo, siendo válida su orientación mientras no se supere la tolerancia admitida (~14). Si está fuera de tolerancia se manifiesta una tendencia constante a desviarse hacia el lado opuesto de donde se manifiesta el eje de empuje.

El ángulo de empuje podrá ajustarse si el vehículo admite el reglaje de convergencia en el eje trasero. Si no es así, probablemente se deba a algún elemento de la suspensión o de la carrocería dañada. [7]

En el eje trasero pueden ocurrir cambios en la convergencia y divergencia de las ruedas, estos se producirán por variaciones del eje motivadas por desplazamientos de sus puntos de anclaje en un sentido o en otro, los que ocasionaran un efecto de empuje.

Los equipos de medición de las cotas direccionales utilizan las ruedas traseras como referencia para hacer las mediciones. Si dichas ruedas no se encuentran bien posicionadas, las lecturas que se realicen sobre el eje delantero serán erróneas.

CONCLUSIONES:

Los ángulos explicados en este trabajo son determinantes en la correcta circulación vial, están muy relacionados con la geometría, parte de la matemática que estudia las propiedades y las medidas de una figura en un plano o en un espacio. En las imágenes representamos la realidad de cómo se conforman estos ángulos en la estructura de los diferentes componentes del automóvil, la alteración de estos por diferentes causas podría provocar roturas y accidentes, por lo que su conocimiento e influencia en la conducción de un auto conduciría a evitar situaciones lamentables.

El correcto reglaje de los ángulos de la dirección debe asegurar la trayectoria del automóvil en el sentido correcto en las diferentes condiciones del camino, a distintas velocidades de la marcha, el conductor no debe hacer esfuerzos extraordinarios durante las rectas, ni en el desarrollo de maniobras de giro. Al tener dificultades en la conducción de nuestros vehículos, como las explicadas, que ocurren por la desregulación de los ángulos descritos, debemos dirigirnos a un taller especializado.

La correcta regulación de la Caída o Camber nos evita gastos innecesarios y prematuros respecto a los neumáticos y los rodamientos en las ruedas delanteras, así el Avance o Caster y la Convergencia o Divergencia nos evitarían molestias en la conducción de los autos, por la inestabilidad que provoca al conducir. Los demás ángulos explicados no se regulan, ya que se conforman por la estructura constructiva del vehículo.

Estas características constructivas de los órganos que comandan la dirección automotriz deben lograr una dirección óptima, estable, segura y cómoda cumpliendo el tren delantero las medidas angulares correctas.

REFERENCIAS BIBLIOGRAFICAS

1.- Cómo Funciona un Auto International. Cómo funciona el sistema de dirección [Internet]. Cómo Funciona un Auto. 2018 [citado 10 de enero de 2018]. Disponible en: https://www.comofuncionaunauto.com/aspectos-basicos/como-funciona-el-sistema-de-direccion

2.- Pérez Porto J, Merino M. Definición de geometría [Internet]. Definicion.de. 2012 [citado 10 de enero de 2018]. Disponible en: https://definicion.de/geometria/

3.- Pérez Porto J, Gardey A. Definición de ángulo [Internet]. Definicion.de. 2017 [citado 10 de enero de 2018]. Disponible en: https://definicion.de/angulo/

4.- RO-DES. ¿En qué consiste el sistema de dirección? [Internet]. Red Operativa de Desguaces Españoles (RO-DES). [citado 10 de enero de 2018]. Disponible en: https://www.ro-des.com/mecanica/sistema-de-direccion-que-es/

5.- Meganeboy D. Sistema de Dirección [Internet]. Aficionados a la mecánica. 2014 [citado 10 de enero de 2018]. Disponible en: http://www.aficionadosalamecanica.net/direccion-geometria.htm

6.- AUTASTEC S.L. Geometría de suspensión y dirección [Internet]. Tecnología del automóvil. 2016 [citado 10 de enero de 2018]. Disponible en: http://autastec.com/blog/tag/angulo/

7.- CarsMarobe S.L. Geometría Direccional: Estudio de las Cotas [Internet]. Xunta de Galicia. Consellería de Cultura Educación e Ordenación Universitaria; 2012 [citado 10 de enero de 2018]. Disponible en: https://www.edu.xunta.gal/centros/cafi/aulavirtual2/pluginfile.php/14627/mod_fol der/content/0/Geometria_direccional.pdf?forcedownload=1